創意實習班

你做得到

寫出精彩的故事

喬安妮．歐文 著
基亞．馬里．洪特 繪

新雅文化事業有限公司
www.sunya.com.hk

目錄

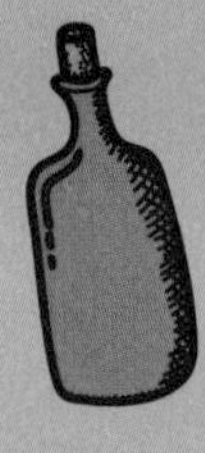

你做得到！寫出精彩的故事

　　要寫出精彩的故事，一點也不難！這本書會給你滿滿的靈感，讓你把各種奇思妙想躍然紙上！

　　拿起筆，集中精神，準備跟着這本書進行各種寫作任務！無論你是待在家、坐巴士、逛公園，還是在餐廳等待進餐的時候，你都可以寫故事的啊！

　　你打算創作喜劇、歷史疑案、驚險故事或奇妙歷險之旅呢？這本書都能給你寫作的點子。你還可以在書中寫下你所構思的故事開場、創造的新詞、精彩的對白又或是寫下完整的故事。

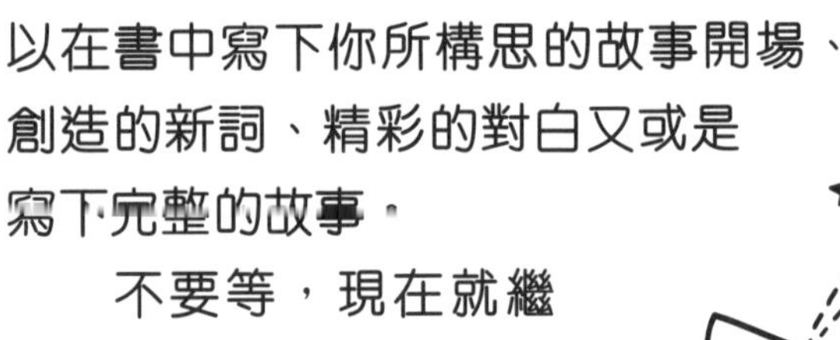

　　不要等，現在就繼續閱讀這本書，然後動筆寫出精彩的故事吧！

在你成為出色作家之前，不妨先寫下你喜歡閱讀故事和創作故事的原因吧！

我喜愛閱讀故事，因為……

我喜愛創作故事，因為……

靈感你在哪？

你要寫出精彩故事，就先要有絕妙點子。寫故事的其中一個難處是：我應從何着手？所以，我們現在就先從物件身上找找靈感，發揮想像力，熱身一下。

你只要看着一件物件，例如一幅神秘的地圖、一張照片，甚至是一條舊內褲！然後想想幾個問題，看看故事會否開始成形。這裏有一個例子：

1 你選了哪件物品？

一條褪色的內褲。

2 它在哪裏？

在垃圾桶。

3 它有特殊價值嗎？

任誰穿上它，都能預知未來。

4 它屬於誰？

一個富翁，叫做龐先生。

5 有哪個人想得到它？

龐先生想要回它，然後穿上它去挑選彩票號碼。

挑選一種能激發你想像力的物件（可以是你在房間或書本上見到的東西）。然後，回答以下問題，使故事活現在你的眼前……

1 你選了哪種物品？試描述一下。

2 它放在哪裏？（這或許會是故事的場景設定。）

3 它有特殊價值或魔力嗎？

4 它屬於誰？

5 有沒有哪個人需要或想要這件物件？為什麼？

請翻到下一頁，看看怎樣把你的點子化成一個精彩的故事……

要把一丁點的靈感變成故事，你可以試着整理一下你的點子，把它們分成三個部分，就像一頓由三道菜組成的套餐，令人垂涎三尺！

開場：你要在故事開始時，介紹角色，並且把讀者帶進故事世界。你可以試試用這些方法開場：

- 引人入勝的動作場面
- 能透露角色身分的對話
- 直接的描寫

你知道我是誰嗎？

中段：到了故事中段，事情就變得峯迴路轉。例如，故事角色被逼到絕境，即將大難臨頭。

結尾：你要把故事的材料綜合並作個總結，交代情節如何影響角色的命運和故事中的世界。

故事開場

以下這些標題或開場白都能引起讀者的好奇心，非常吸引，試想想它們能激發出什麼點子。

- 生命之旅即將展開！
- 勇闖冰火島
- 救命啊！我的妹妹原來是一條蛇？！
- 「我們中獎啦！」爸爸高呼起來。
- 「這所學校已被瘋子控制！」校門外的告示這樣寫着：「危險，擅闖者後果自負！」
- 嘎吱！小屋的門打開了。「我一直在等着你，卡特琳娜……」

請寫下一個關於一件物件的故事標題或開場白，要寫得有趣，能吸引讀者追看下去。

我這個關於一件物件的故事叫做：

請寫下你的故事。

創造角色

角色是故事的重要元素。擁有絕妙點子固然很好，但有趣、活靈活現的角色，像是勇敢無畏的男女英雄和邪惡的大魔頭，都能使故事鮮活起來。

你的角色是怎樣的？

你可以用這些字詞來描述角色的外表。

短小精悍

強壯

有小酒窩

外表奢華

又矮又胖

高貴

毛茸茸

骨瘦如柴

好動

衣服破舊

邋遢

身材高挑

你想到其他嗎？

在你開始創造角色之前，先寫一個人物簡介。

在這裏形容一下你的角色。

名字：

年齡：

外貌：

工作：

喜歡的東西：

厭惡的東西：

長處：

弱點：

在這裏畫下你的角色！

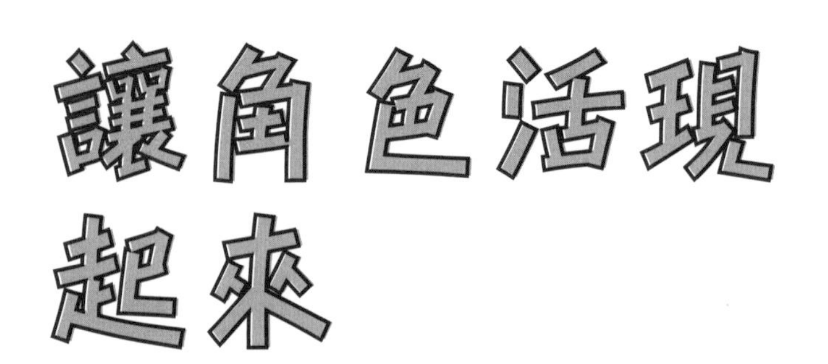

讓角色活現起來

你需要完全了解你所創造的角色，才能把他們寫得栩栩如生。

你可以運用這些字詞來形容角色的性格：

脾氣壞　自私　和藹　沉靜　愛冒險

膽小　自負　討人喜愛　妒忌心重　慷慨

寫下你想到的字詞。

你可以運用這些字詞來形容角色的習性（就是角色經常會做的事或小動作）：

皺眉頭　嘟嘴巴　軟着身子　眨眼睛　彈手指　噘起嘴

寫下你想到的字詞。

表達自己

想像一下，你要參加奧運一百米短跑賽事。你在起跑線就位之際，卻看見一些使你感到不安的東西。

- 你見到什麼？
- 你感覺如何？
- 你有什麼反應？

想想你自己的性格和習慣，形容一下你在上述情況下，會有什麼反應。

對白的效果

對話能提升故事的感染力，使故事角色顯得真實。人物的措詞和說話方式能大大反映他們是個怎樣的人。例如：心思細密的人說話時大多冷靜，而容易興奮的人卻會像連珠炮發般說個不停！

比較這兩段文字，你就能看到當運用了對話時的效果：

船長告訴船員伯蒂，他們很快就要駛進港口，伯蒂需要把主帆降下。伯蒂馬上就照着船長的話做。

「噢噢！伯蒂！小伙子！」船長的聲音低沉又響亮，他命令道：「陸地就在前方，我們很快就要靠岸，準備把主帆降下！」

「好的，好的，船長！」伯蒂叫道，還敬了一個禮，「我會辦妥！」

你來試試把以下內容，改寫成兩個角色的對話，使故事更精彩！

太空人莫莉告訴飛行控制員麗莉，登月艙出現了故障。麗莉叫莫莉保持冷靜，因為她跟工程師小隊正在解決問題，深信登月艙很快就能修好。

秘訣！

記得在對話的頭尾使用引號，這樣讀者才會知道這些是對白。

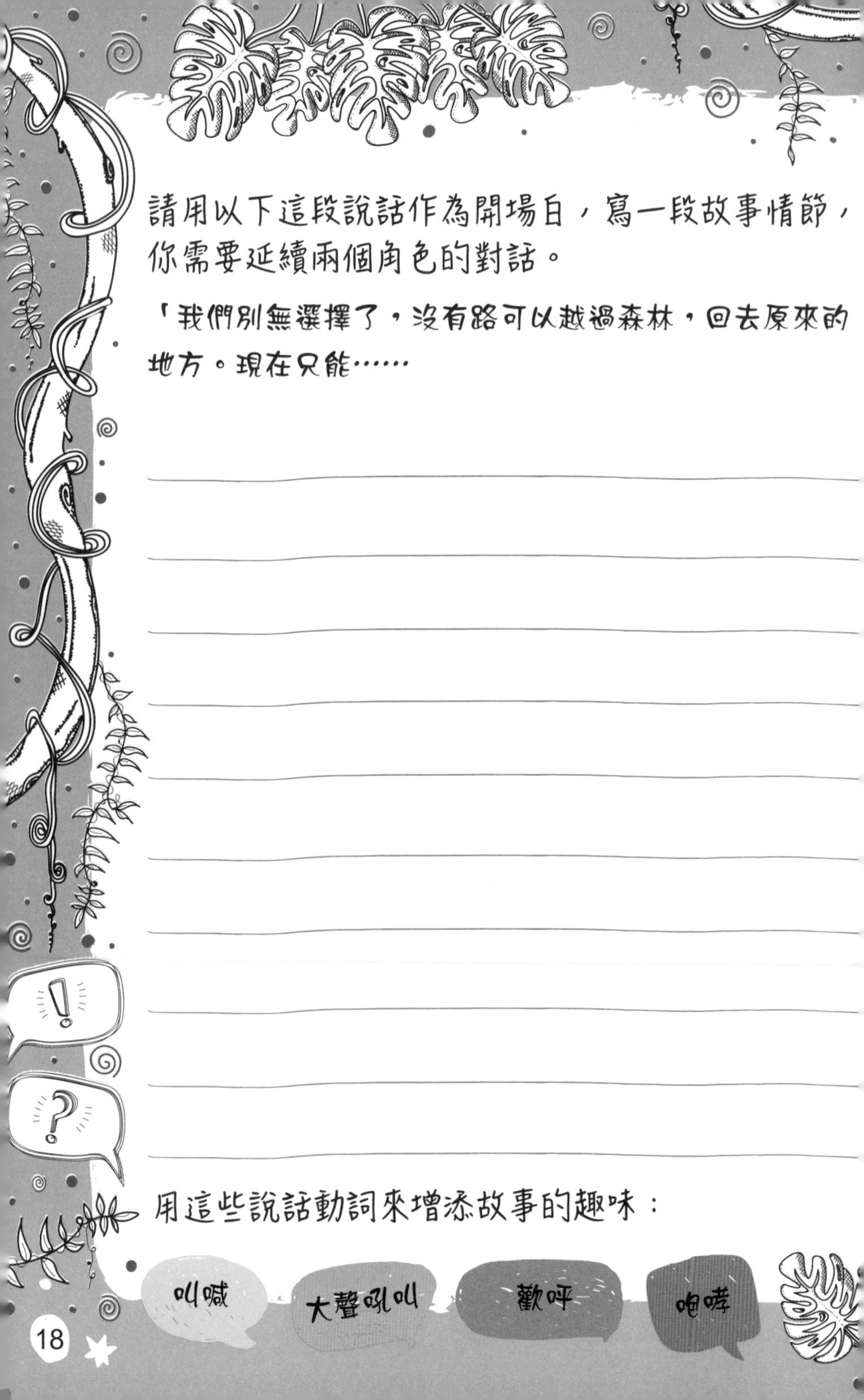

請用以下這段說話作為開場白，寫一段故事情節，你需要延續兩個角色的對話。

「我們別無選擇了，沒有路可以越過森林，回去原來的地方。現在只能……

用這些說話動詞來增添故事的趣味：

角色的感染力

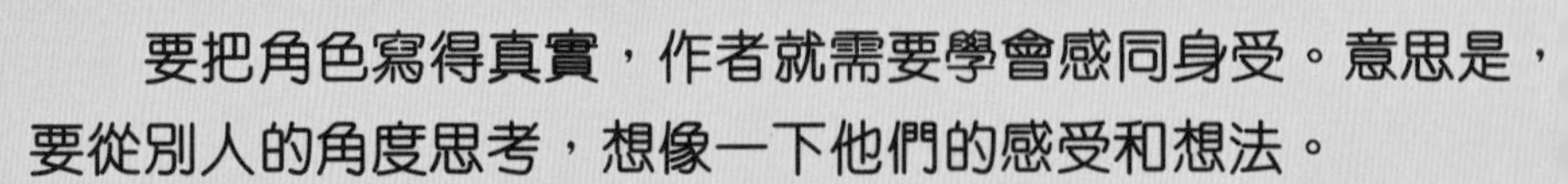

要把角色寫得真實，作者就需要學會感同身受。意思是，要從別人的角度思考，想像一下他們的感受和想法。

選一個生活方式跟你很不一樣的家人或朋友，然後把他（們）一天的生活寫出來，這樣，你就能練習從別人的角度思考。

通常，我爸爸起牀後……

喜劇角色

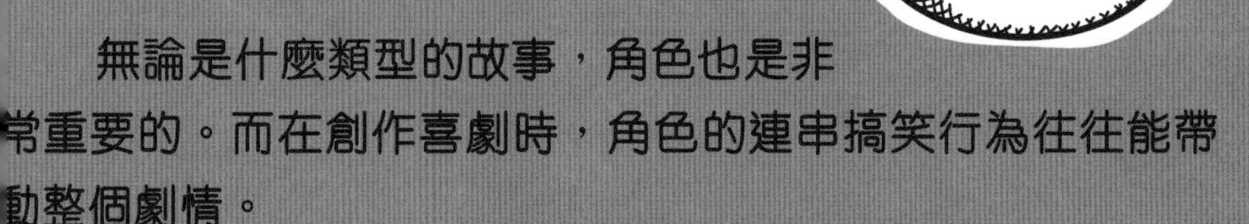

無論是什麼類型的故事，角色也是非常重要的。而在創作喜劇時，角色的連串搞笑行為往往能帶動整個劇情。

你筆下的角色可能很愛惡作劇，或老是做出糊塗的事來。他們也許常常講錯話，不小心得罪別人。總之，幽默的元素可以無處不在！

在你下筆寫幽默故事前，要先讓喜劇細胞動起來。你可以簡單記下人生中最爆笑的經歷。

我的幽默故事叫做：

請寫下你的幽默故事。

哈 哈
哈 哈 哈
哈 哈 哈

文字的魔力

文字魔法就是「用作修飾的語言」，也就是修辭技巧，能使你的故事增添魔力。

這個例句使用了形容詞：

蒂莉有一盞明亮的燈。

形容詞是用作修飾名詞的文字。例句裏「明亮的」是形容詞，「燈」是名詞。

再進一步就是使用明喻。明喻就是把某一事物比作另一事物，會用上「像」、「好像」等字詞。

蒂莉有一盞燈，亮得就好像太陽。

我們也可以使用暗喻，意思是用詞語或片語來形容某一個事物好像變成了另一個事物：

蒂莉的燈是個魔海，它的熒光之水淹蓋一切東西。

這盞燈並不真的是個魔海，而是這盞燈（魔海）十分明亮，它的亮光（熒光之水）把萬物都照亮了，就好像會釋出魔法。

請你續寫以下句子，為它們添上魔力。*

*這也是個暗喻，因為句子不會真的變成魔法啊！

她跳得很優雅，就像一個

我一走進這間怪異的房子，就抖得像

請你創作自己的句子：

擬聲詞是另一種能使人着迷的技巧，這些字詞像是讓它所描述的東西在發出聲音一樣：

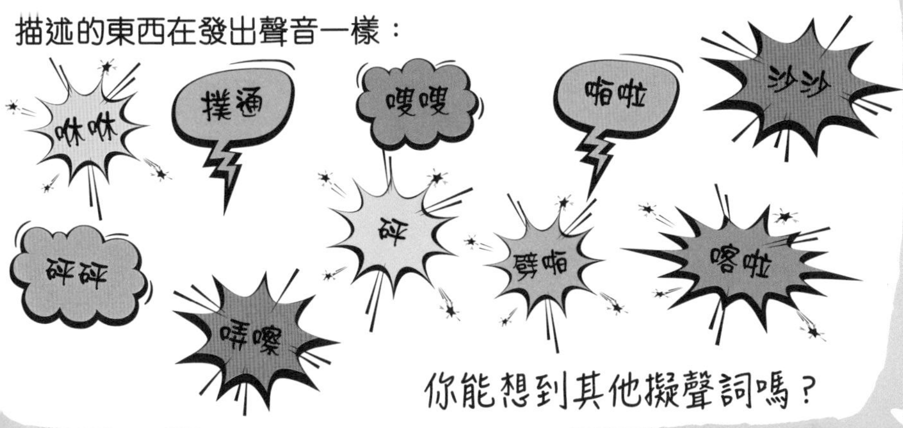

你能想到其他擬聲詞嗎？

氣氛的描寫

營造氣氛很重要。氣氛好，讀者就會全情投入到故事中，一直追看下去。

不同類型的故事有着不同的氣氛。例如：驚險、有趣或恐怖。此外，氣氛也可能隨着故事情節的發展而改變。

要營造絕好的氣氛，抓住讀者的心，你就要善用各個場景來鋪排。

請你運用學過的描寫技巧，寫一個充滿獨特氣氛的假期故事。要試着令讀者感覺他們真的在旅行啊！

創作恐怖故事！

對恐怖故事來說，氣氛是非常重要，你必須使讀者嚇一大跳。接下來的幾組詞語，能為你的恐怖故事增添可怕氣氛。你也可以再加入其他詞語！

形容令人不安的氣氛

來勢洶洶的　怪異的　致命的　陰森的　噁心的

表達嚇人的說話狀態

嚎哭　尖叫　怒吼　呼天搶地　呻吟　哀號

形容受驚時的反應

顫抖　畏縮　打哆嗦　拔足逃跑　花容失色

現在試試構思一個令人震驚的恐怖故事……

1 選一個怪異的角色：

- 可怕的食屍鬼
- 邪惡的女巫
- 狂暴的狼人
- 可怕的幽靈
- 正在呻吟的木乃伊
- 惡毒的吸血鬼

或自創角色：

____

2 選一個可怕的場景：

- 殘破的小屋
- 嚇人的森林
- 教堂墓地
- 昏暗的地牢
- 恐怖的山洞
- 駭人的墳墓

或自創場景：

____

3 請畫一幅令人驚悚的場景，並說明在這個場景中，你筆下的怪異角色是怎樣的。

我的恐怖故事叫做：

根據你在上一頁構思好的角色和場景，在這裏把你的恐怖故事寫出來。

起伏跌宕的情節

你在前面已學過，故事包括開場、中段、結尾，故事角色在旅程中會經歷高低起跌。這有點像在山脈探險，要登上不同的山峯，而探險的過程就是情節。

每個山峯也代表了故事角色需要克服的一個難題。他們設法越過山峯，以求安全到達山的另一邊。過程中，情節起伏不定，緊張情緒也有高有低。

3 第一個難題：故事角色出了什麼毛病？他們是否陷入謎團裏？是否跟朋友吵架？難題可以是各種各樣。

4 第一個應對方法
角色怎樣克服第一個難題？

2 發展：
發生了什麼事，事情怎樣發展下去？

1 開場：介紹故事角色和場景。

故事角色要應付的難題，有些可能很容易就解決到，就像攀過一座矮小的山，有些則是不容易應付，彷彿是要越過陡峭的高峯。

篇幅較長的故事裏，角色可能要應付好些難題，因此，你需要在故事裏設置多個山峯。

5 第二個難題：哎呀！現在又遇到什麼出錯了？

6 第二個應對方法：
角色怎樣從第二個困境逃出來？

冒險故事

在冒險故事裏，情節格外重要。這類情節大多是迂迴曲折，變化萬千。

現在就來構思一個冒險故事，主角是個勇敢的探險家。

1 開場

2 發展

3 第一個難題

4 第一個應對方法

5 第二個難題

6 第二個應對方法

7 旅程結束

冒險故事裏，情節大多由動作帶動。故事主角或許要越過一片熱帶雨林，歷盡艱辛、沿着沾滿灰塵的隧道飛奔而下，或是為了保存生命而四處覓食。

你可以運用以下的字詞來為冒險故事加添刺激感：

攀爬　湧進　埋伏突襲　抓住

猛烈擺動　奔跑　搏鬥　撲向

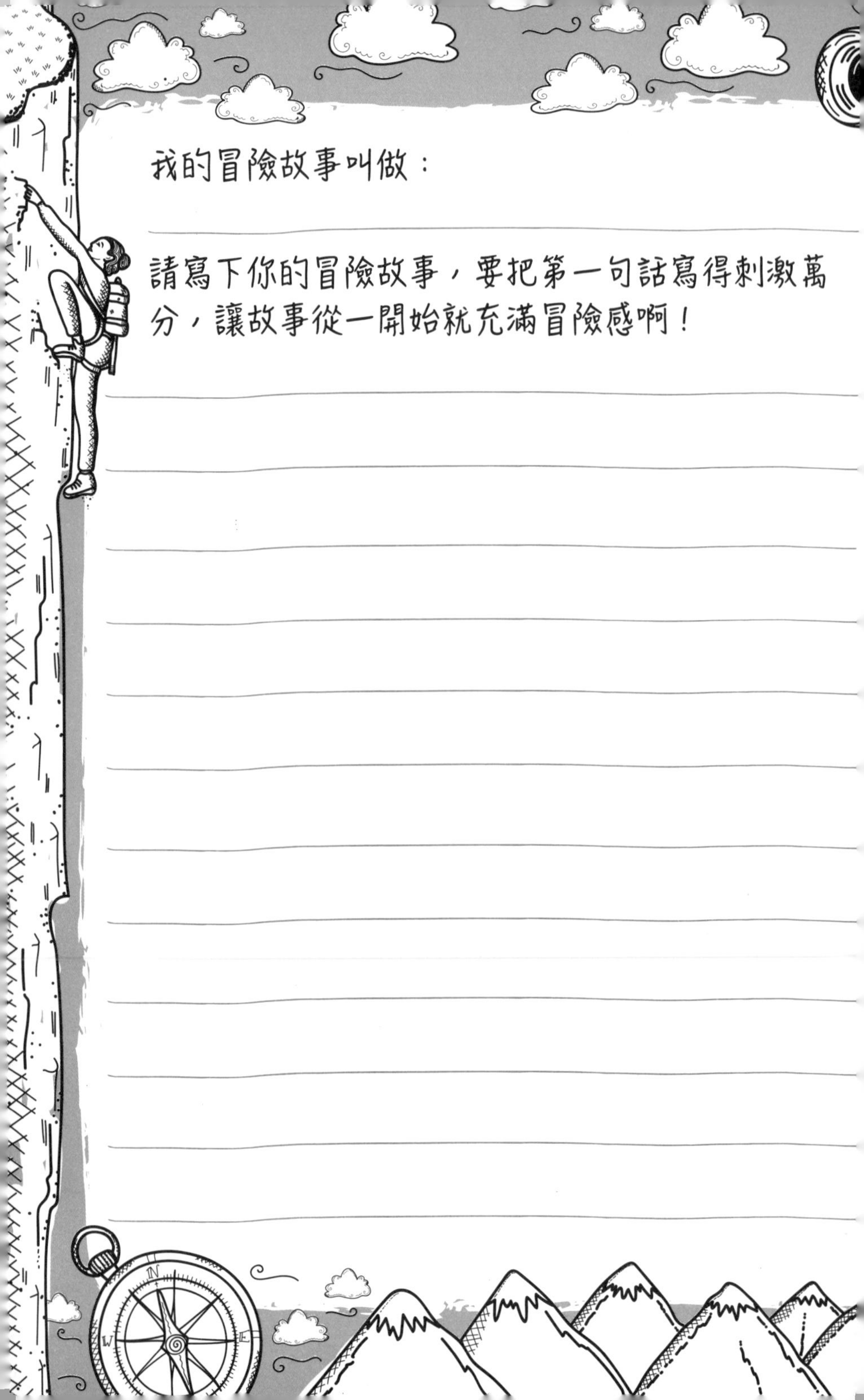

我的冒險故事叫做：

請寫下你的冒險故事，要把第一句話寫得刺激萬分，讓故事從一開始就充滿冒險感啊！

情節的推進

動機是指故事中角色想要或需要的東西，這會推動他們展開冒險之旅，並願意克服種種難關。

例如，你正在寫一個科學家，他在熱帶雨林裏尋找蛇的新品種，那麼，他的動機就是要找到這個品種。科學家可能要應付不同難題，包括危險的叢林地帶、突如其來的火山爆發、跟自己競爭的科學家，甚至是來自他要找的蛇！

最重要的是，你得在故事開始時，就把角色的動機寫得清楚。這樣，你寫的故事就會更緊張刺激，也能抓緊讀者的心。

選一個你之前曾寫過的故事，然後寫下故事角色的行事動機。

創作奇幻之旅

奇幻故事多半包含探索成分，那麼角色動機就顯得格外重要了。探索之旅的意思是，角色為了尋找重要的東西而踏上困難重重的旅程，就好像科學家尋找蛇那樣。

在奇幻故事裏，要有推動角色的情節。例如：為了保衞王國而尋找並殺死一條大龍，或是為了阻止邪惡的精靈奪權而去尋找魔法劍。

古怪角色、怪異場景、魔法物品或特殊能量，都是奇幻故事的特色，就好像：

古怪角色

巨人　妖精　巫師　食人魔　騎士　女巫　仙子

創作你的角色：

怪異場景

雲朵城堡　水底帝國　神秘王國

創作你的場景：

魔法物品或特殊能量

藥水　魔杖　飾物　護身符　皇冠　戒指

隱身術　說預言　變身術

加上你的構思：

我的奇幻之旅叫做：

請寫下你的奇幻故事。

故事的節奏

故事節奏就是講故事的速度，由情節篇幅、句子長度、事情發展和你敘事的速度而定。

故事節奏加以變化，能使讀者追看下去。這就好像一首樂曲，會有不同節奏，或是當你在說話時，語調會有不同變化。要是某個人用同一個聲調演講，聽眾很快就會提不起興趣了。同樣地，如果你讀的故事只有一個節奏，你也很快會失去興趣。

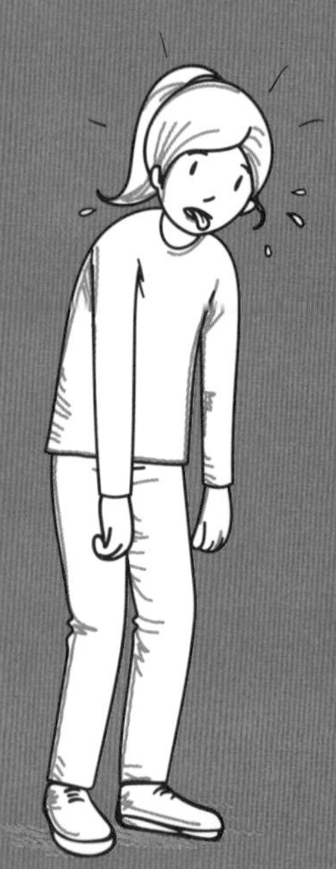

短句和簡潔明快的對話會加快故事節奏，相反，當你要給故事角色（和讀者）歇息一下，詳細的描述就能放慢節奏。

節奏急速的驚險故事

對驚險故事來說，節奏明快是很重要的。緊張感、動作和不安感也能抓緊讀者的心，吸引他們追看故事。驚險故事裏，懸念、驚喜、刺激和危險總是無處不在，故事節奏多半也很急速，只有幾個放慢了節奏的情節。

看看這些詞組能怎樣幫助你，寫一個節奏明快的驚險故事：

秘密任務　銀行劫案　汽車追逐

間諜　罪案　特務　自毀

警告　警告　警告

請設計一個節奏明快的驚險故事。

主要角色：______

故事大綱：______

______

______

故事情節：______

______

______

第一個險境：______

______

第二個險境：______

______

你的
秘密任務
秘
密碼
我這個節奏明快的驚險故事叫做：
請寫下你的驚險故事，情節要出人意表的啊！先令故事主角看來一切如常，但冷不防他就要出事了！
你的
秘密任務
秘

你的
秘密任務
MI6
秘
密碼
你的
秘密任務
MI6
秘

懸疑的故事

案件角色

超級偵探、業餘偵探、私家偵探也是典型的懸疑故事主角。
誰是你案件裏的角色？

犯案動機

主角要做的是破解謎團，那麼奸角呢？
奸角做了什麼壞事？他們為什麼這樣做？

你可以利用假線索，轉移調查員和讀者的視線，誤導他們的思路，使故事變得吸引。

請寫下你的懸疑故事。

時態的妙用

寫故事時，你可以選用過去式，表示故事已經發生了，又或是選用現在式，表示事情正在發生！中文相較於其他語言來說沒有太明顯的詞性和時態變化（tense），而是運用時間副詞與一些助詞來表示，如「那時」、「正在」。適切地選用這些詞語來交代事情，可帶來不同效果。

選用現在式的話，可以為你的故事增加現場感，讀者在看故事的時候，會感覺自己好像正在角色身旁，一起經歷，感同身受。

比較這兩個例子的氣氛：

- **過去式**：那時，太空人在打開太空艙門之前，深深地吸了一口氣，那一刻，她的心砰砰的跳，因為她之後就要踏進未知的世界……
- **現在式**：太空人正在打開太空艙的門！她深深地吸了一口氣。這一刻，她的心砰砰的跳！因為她將要踏進未知的世界……

另一個國度

用現在式寫科幻故事，容易營造緊張氣氛。科幻故事裏出現的新發明，例如穿越時空、瞬間轉移、太空漫遊等，都是想像出來的。

寫科幻故事時，你需要發揮想像，例如想出不受指揮的機械人、瘋狂機器、奇特的外星人、奇怪星球、古怪世界。

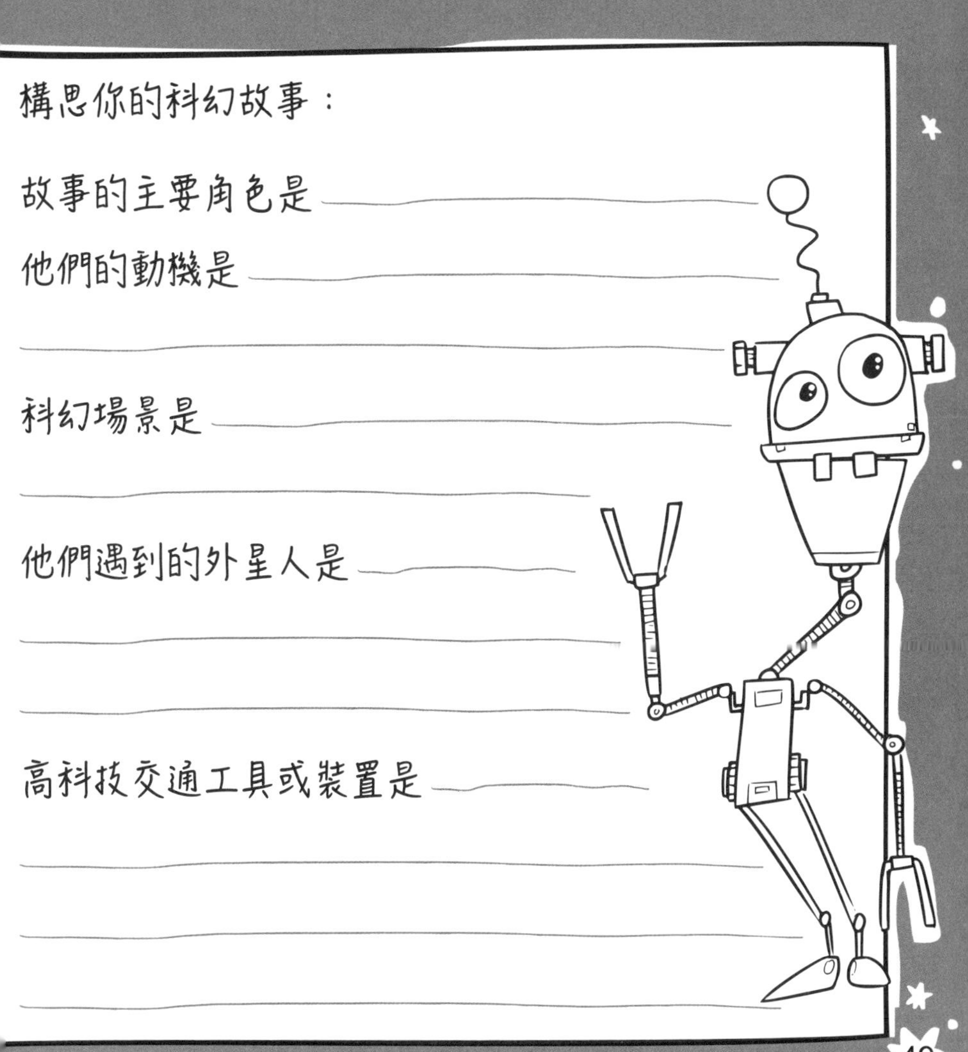

我的科幻故事叫做：

請寫下你的故事。如果你想增加現場感和緊張氣氛，就記得用現在式！

敘事觀點

故事常用的敘事觀點有兩種：
第三人稱敘事觀點
就是從作者的角度來說故事，就像這樣：

傑西又跳又唱，吵吵嚷嚷，把傑克弄醒了。

如果角色眾多，或是當你想改變敘述角度和故事發生的地點，就很適合用第三人稱敘事觀點來寫故事。

第一人稱敘事觀點
就是從角色本身的角度來說故事，就像這樣：

傑西又跳又唱，吵吵嚷嚷，把我弄醒了。

第一人稱敘事觀點很適合用來寫只有一個主角的故事。雖然你只可以寫出一個角色的觀點，但這個方法能有效幫助讀者明白角色在想些什麼，並且從角色的立場來思考。

我的日記……

寫日記是個很好的訓練，能改善你使用第一人稱敘事觀點的技巧。

日記不單記下一個人做了些什麼事，還透露了個人想法和感覺，因此，你需要站在別人的角度思考，想像一下你筆下角色有什麼感受。

預備為一個歷史角色寫篇日記，叫做「人生中的一天」。你想成為哪個時期的人物都可以，像是中世紀騎士、古埃及藝術家、勇猛的海盜、維多利亞女皇，總之，決定權在你手！

請在下面填寫資料來創作一個歷史角色，這有助你以他/她的身分寫故事。

名字：＿＿＿＿＿＿＿＿＿＿

年齡：＿＿＿＿＿＿＿＿＿＿

出生年份：＿＿＿＿＿＿＿＿＿＿

出生地點：＿＿＿＿＿＿＿＿＿＿

職業：＿＿＿＿＿＿＿＿＿＿

請寫一篇歷史日記。記得要研究一下故事角色屬於的歷史時期是怎麼樣的。這樣，你就可以在故事裏寫出符合史實的細節。

我的日記……

超級英雄故事

在超級英雄故事裏，主角都擁有超能力，並下定決心，要守護人民，使他們免受壞人傷害。超級英雄為了維持秩序、締造和平，會跟邪惡敵人決一死戰。

超級英雄大多有個不為人知的弱點，要是給敵人發現，後果就不堪設想了。

在動筆寫超級英雄故事之前，你要先想想以下幾點：

- 這位超級英雄是為了什麼而運用超能力？
- 他是否不情不願地成為超級英雄？
- 超級英雄通常有着雙重身分。例如，在白天裏，他可能是個教師，但到了晚上，他就會穿越時空，維持和平！故事角色擁有超能力，這會否令他不容易過正常生活呢？

請你試試創作一個超級英雄故事吧！

主角日常使用的名字：

超級英雄的名字：

秘訣！

超級英雄大多叫做「某某隊長」、「無敵某某」、「某某大師」之類。

超能力：

超能服裝：

不為人知的弱點：

秘訣！

要是壞人得到某種力量，能夠令超級英雄喪失超能力，情勢就會變得危急了。

死對頭：

性格設定：

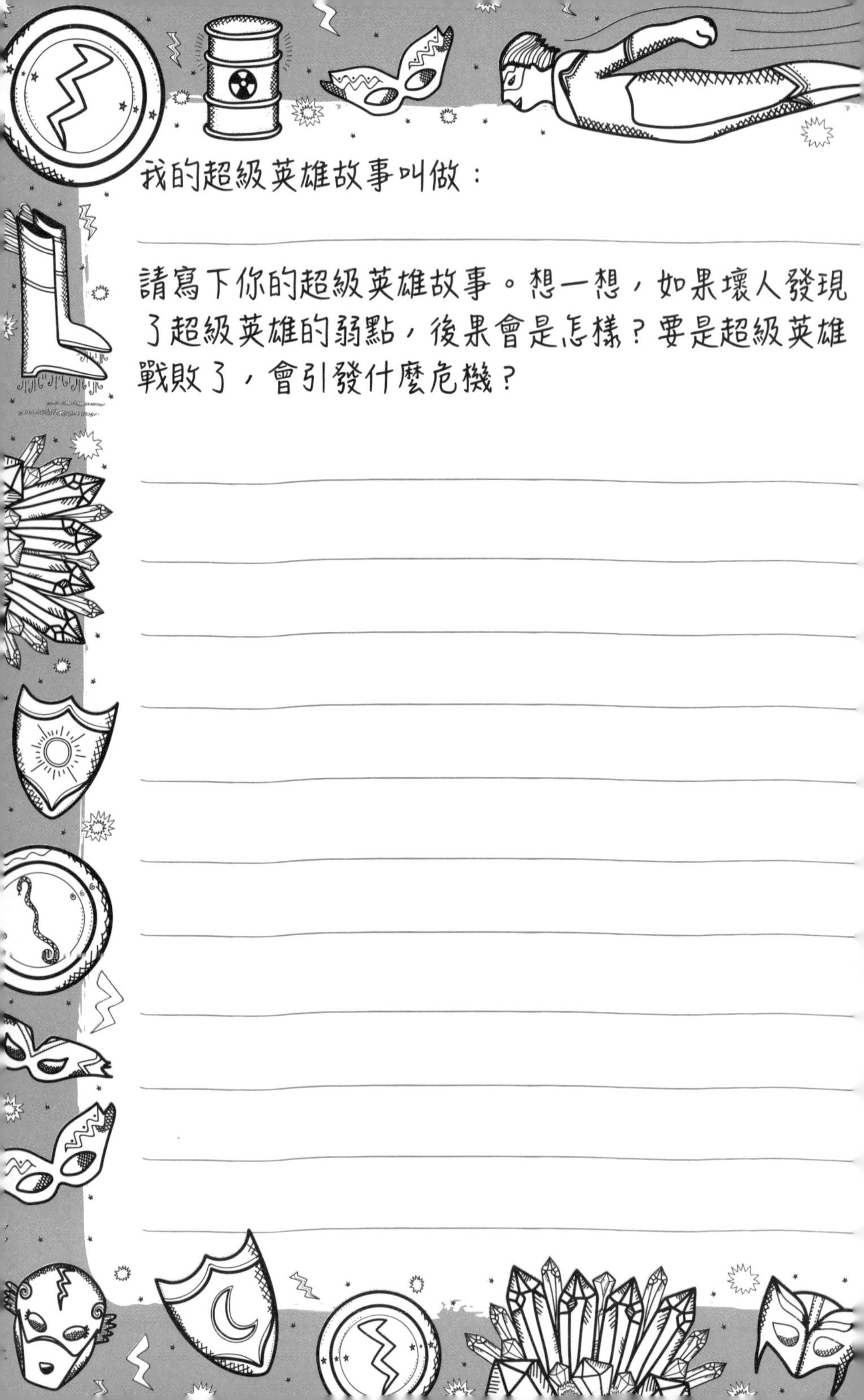

我的超級英雄故事叫做：

請寫下你的超級英雄故事。想一想，如果壞人發現了超級英雄的弱點，後果會是怎樣？要是超級英雄戰敗了，會引發什麼危機？

連環漫畫

說故事的方法有許多種，連環漫畫的做法是用圖畫配文字的方式來說故事。作者在連續的方格上繪畫故事，配以簡短文字和對話框來交代內容。

寫故事需靠文字，每個字詞用起來都有根據。創作連環漫畫故事時，就要更加注意用字，不要言之無物。由於篇幅有限，漫畫故事內容主要還是靠圖畫來表達。

在你把寫好的超級英雄故事化作連環漫畫之前，先看看這些超級英雄會發出的聲音：

請寫下和畫出你的超級英雄連環漫畫。

1

2

3

4

你已完成了一半，是時候進入故事高潮！

5

6

7

8

要確保最後一格的內容精彩絕妙！

運動故事

運動故事跟許多寫作技巧和故事類型有關聯，情節可以像驚險故事般緊張（例如用十二碼大戰來決定誰獲獎杯）、像懸疑故事般充滿謎團（球證會不會判罰越位，宣布致勝球入球無效呢？）或是像喜劇那樣笑料百出（想像一下，有支隊伍技不如人，又不懂比賽規則，但最終竟然大勝熱門隊伍！）。

現在就來寫個運動故事，訓練你的寫作技巧吧！

請寫下你的運動故事。

動物故事

動物世界多姿多采，提供了各種寫作機會。你可以為忠誠的寵物、狂暴的野獸，或是會走路的動物寫個故事。

從動物獲得靈感

1. 試試着手寫個有趣的動物寓言故事，就像《龜兔賽跑》。寓言即是短篇故事，通常以動物做角色，讀者可以從中學到道德教訓。
2. 你可以善用一些吸引人的動物趣聞，並以此作為故事內容的根據。

秘訣！

記得要描述動物的動作、聲音和感受。這些動物會飛翔、滑行還是奔跑？吼叫、咆哮還是發出呼嚕聲？是有絨毛、鱗片還是羽毛？

請寫下你的動物故事。

大自然故事

用大自然作為故事主題，有助你提升描寫能力。你可以寫一個引人入勝的驚險故事，例如關於一場怪異風暴。另外，你也可以寫一個社區故事，說說居民怎樣保衛自然保育區。

不管你選了哪個題材，你也要把這些大自然元素：氣味、聲音、感覺描寫出來。

你也可以用大自然元素來做象徵，例如：用天氣來反映角色的心情，或是預示將會發生的事；用醞釀中的風暴代表困難，從雲後悄悄升起的太陽則象徵艱苦後出現的希望。

請寫下你的大自然故事。

諷喻故事

諷喻是個內含深意的故事，有些故事會用一個暗喻來貫串，有些則是篇幅較長的寓言故事。

試想像有個女孩被迫進入一個令人毛骨悚然的山洞裏遇見一頭兇猛的野獸，要她執行一些難以完成的任務。表面看來，這是個嚇人的冒險故事，但實質上，這是個諷喻。這個故事說的可能是女孩害怕到一間新學校（山洞）上課，而新老師（野獸）又很兇惡。

試用象徵手法寫個諷喻故事，要令故事有多一重意義，就像用山洞象徵新學校，野獸象徵老師那樣。

請寫下你的諷喻故事。

現代神話

神話即古代故事，寫下來是為了解釋生命之謎。例如，創世神話說明了世界是怎樣開始。此外，神話有時也會解釋自然現象，好像是季節變化。

神明和幻想出來的角色經常在神話出現，例如中國神話中的女媧、西方神話中的半人獸米諾陶洛斯。

請選一個神話，然後把那個神話寫成現代故事，先填寫下列細節。

角色的古代名字/現代名字：

____

____

古代情節背景/現代情節背景：

____

____

古代生物/現代生物

____

____

試加一些創意，使你的現代神話更富趣味。例如，你可以用法拉利跑車取代雙輪馬車，或是把太陽女神變成美容集團大老闆，經營照太陽燈的生意。

請寫下你的現代神話。

童話故事

不同國家的文化裏都有童話故事，這些故事彷彿具有魔力，令人着迷，也能引起共鳴。為什麼呢？

1 這些故事提及了人們普遍的恐懼和夢想，我們讀起來很有共鳴。例如，《糖果屋》講述了迷路和被遺棄所產生的恐懼。

2 這些故事往往有奇跡發生。想像一下《灰姑娘》這類童話故事，寫出魔法帶來了改變人生的希望。

3 故事主角並不是擁有魔法力量的超級英雄。童話故事裏，角色都是平凡人，卻陷入了不尋常的情況。他們得要動腦筋想出辦法，對抗擁有魔法力量的壞人。我們跟這些主角一樣，都是平凡人，因此能產生共鳴，跟他們同一陣線。

你也可以把故事改成現代版，或是反轉劇情，把傳統男女英雄寫成大壞蛋。

請寫下你的童話故事。

混合體裁

體裁指的是故事類型或風格。你已認識了不少故事體裁，從喜劇、奇幻故事、恐怖故事，以至驚險故事、懸疑故事。因此，現在該是時候再進一步，把不同體裁混合一起，使你的故事更精彩。

你會不會想寫一個爆笑的幻想故事，還是驚悚的科幻故事？又或是懸疑的歷史故事、一個超級英雄的偵探故事？啊，這個超級英雄還可以是一種動物呢！

你可以想想這些體裁：

愛情　戰爭　魔法　外太空　西部冒險

你打算把哪些體裁混合在一起呢？

請寫下一個混合體裁的故事。

角色配搭

你已把不同體裁混在一起，寫了個獨一無二的精彩故事？現在，你要把這套方法用得更盡！試創作一個故事，把一堆奇奇怪怪的角色放在一起，並安排他們在一個出乎讀者意料的場景中碰面。

以下是一些有趣的點子：

- 在露天遊樂場，有個出名的足球員纏着一個休班的太空人。
- 一條龍墜落在學校的飯堂。
- 有個巫師在一家超級市場工作，他愛上了一個售貨員。
- 老奶奶在摔角比賽遇到一個女巫。

請為你的故事塑造兩個趣怪的角色。

角色一號

名字：

年齡：

職業：

外貌：

角色二號

名字：

年齡：

職業：

外貌：

★ 他們在哪裏相遇？

★ 他們合得來嗎？還是惹得對方很不高興？

我這個角色趣怪的故事叫做：

請寫下你的故事。角色的說話方式、態度和語氣都要不一樣，這樣讀者才能清楚分辨他們各自的身分和性格特徵。

寫作任務一

除了要有活潑、獨到的想像力之外，你還得具備另一個寫作技巧，就是能夠依照別人指定的主題或角色來創作故事，就好像這個任務：

一家雜誌社委託你寫一個以校園為背景的驚險故事，你勝任這個工作嗎？

秘訣！

記得要增添緊張感。你可以怎樣為「校園」、「課室」這些場景製造緊張的氣氛呢？

請寫下你的故事。

寫作任務二

恭喜你！你已經完成了第一個任務，接着是第二個任務。

首先，請朋友或家人給你提議一個主角。然後，請另一個朋友提議壞蛋角色。最後，請別的人提議情節背景。

主角：

壞蛋角色：

故事背景：

在你埋首寫故事前，記得想想那些角色的行事動機。

請寫下你的故事。

5分鐘的寫作挑戰

即使沒有時間給你細想構思，腦袋也不能放空的啊！靈感被卡住的時候，透過以下幾個5分鐘短篇故事的寫作練習，就能給你刺激，幫助你寫個不停！

各就各位……預備……開始！

試試利用這三個故事元素，寫一個短篇故事。

蛋殼　　精靈　　金魚

請寫一個跟這句俗語（也叫做諺語）相關的短篇故事。

三思而後行！

選一種食物，然後寫一個短篇故事。例如：關於一個皺巴巴的牛油果的恐怖故事！

報章標題的啟發

報章標題可以是很好的靈感來源，幫助你寫出非一般的故事。

以下是一些例子：

- 魔鬼蟹伸出肚裏牙，嚇到敵人掉下巴
- 牛牛失業了
- 健康及安全會議意外告終
- 巨兔解開千古謎團

研究不同的報章標題，記下一些能吸引你注意的例子。

根據其中一個報章標題，創作屬於你的故事。

趣味知識的啟發

想得到寫作的靈感，你還可以找一些富有趣味的小知識來幫助你思考。這裏有幾個例子。

關於體育

- 英格蘭超級聯賽最快入球紀錄是開場7.69秒。
- 專業芭蕾舞者每周穿破兩至三雙足尖鞋。

關於自然科學

- 金星是唯一會逆轉的行星。
- 一條河豚所含的毒素，足以殺死三十個人。

你呢？你找到什麼趣味知識？

我找到的趣味小知識是：________________

____

____

____

____

____

請寫下你的故事。

讓首尾更精彩

在創作的過程中，你往往需要重複修飾一下故事的開場，讓它更精彩。以下這些趣味十足的開場白可以激發你的創意！

「你遲到了！」納比亞奶奶一邊說，一邊輕指着手錶。「還有你怎麼弄到全身都是綠色的醬汁？」

親愛的日記：

寫這篇日記時，我正經歷人生中最倒霉的事。真慘呀！我的船給八爪魚大盜擄去了，連控制權也被奪去！真不爽！

寫於加勒比海

一六八九年十二月

「快來！快來！歡迎收看地球上最令人膽戰心驚的節目！在這裏，女巫會神出鬼沒，食屍鬼會把你耍得團團轉……」

以下這些精彩的結尾也可以助你提升創意。想一想，究竟發生了什麼事，以致故事最後結束得這麼有趣。

- 「我們成功了！」這對朋友從那個陰陰沉沉的森林逃出來，然後繞着彼此的手，頭也不回地直奔向那個閃亮清澈的湖。
- 這頭野獸發動最後一擊，揮舞着牠那長滿刺的尾巴！「砰」的一聲過後，一切回歸寂靜……
- 「請提醒我，以後千萬不要再戴爺爺的假髮了！」
- 他們看着盒子一直往海裏沉，最後海面泛起細微的波紋。「但願它永遠埋於海底。」

請寫下你的精彩開場白。

____

____

____

____

請寫下你的精彩結尾。

____

____

____

____

力求完美

雖然故事寫好了，但身為小小作家的你，還有最後一件重要工作要做：你需要增刪或修飾作品內容，務求令故事更加完美。

以下的建議能幫助你掌握如何修飾故事，故事經過琢磨後，就會像鑽石般閃耀了！

不過，你先休息一下，然後重讀自己所寫的故事。這樣，你就會找出先前沒有留意到的錯處，看到哪些地方需要改善。你可以從這幾方面着手：

- 有沒有錯別字？標點符號和語法正確嗎？
- 情節和角色是否前後一致？（例如：角色的所言所行是否跟之前的情節有矛盾？）
- 有沒有哪個部分的故事節奏太慢或情節無聊？有的話，就加點動作或笑料，又或是刪去某些描寫內容。

大聲朗讀你的故事，這樣有助你感受角色的對話是否自然逼真和順暢，以及哪些內容重複了。

把故事重讀一遍，這次要特別留意情景描寫的部分，看看某些情節是否值得再多一點描寫。

請朋友讀讀你的作品，他們可能會找出一些你注意不到的錯處，以及留意到哪些情節不太合理。

正所謂熟能生巧，你可以重新閱讀這本書，並運用書中提及的實用性建議和精妙的秘訣，讓自己在修改故事時，不會忽略細節。

你或者需要製作一張清單，提示自己要特別注意的事情呢！

寫作的好習慣

想提高寫作能力，成為出色的作家，你就要養成良好的寫作習慣。以下是一些秘訣。

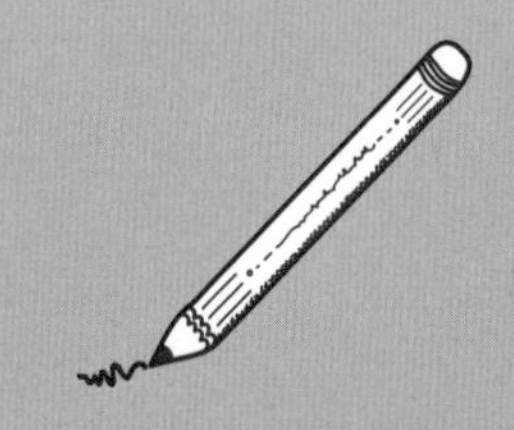

- 多閱讀，並要讀得廣。小說和非小說類都要讀。你越讀得多，就越能提高你對寫作的認識和領悟能力。
- 多創作，並多嘗試不同的風格。例如，寫故事之外，你也可以為學校寫網誌，或是寫日記、書評。這樣，你就能經常保持寫作狀態。你寫得越多，語言能力和文字技巧就會進步得越快。
- 摒棄一切陳腔濫調。有些字眼經常被人濫用，逐漸變得毫無新意。例如要形容某人受到驚嚇的情況，往往就被寫成「嚇得雙腳發抖」，但其實還有別的文句可用。我們要寫出個人風格，突出自己的個性，總比學人說話好。
- 如果腦筋卡住了，沒有寫作靈感，就要動動身體，讓腦袋休息。你可以去散步，吸點新鮮空氣，或是騎單車。

總是隨身帶着筆記本，因為靈感會突然湧現……

著名寫作大師羅爾德·達爾 (Roald Dahl) 相信，作家需要生動活潑、創意十足，也要有耐性和自律。他還指出，作家應該力求完美，保持謙虛（也就是說，不要以為自己是世上最偉大的作家！）達爾先生創作了不少精彩故事，因此，我們要努力培養這些特質，發揮創意。

你呢？你對於創作精彩的故事，有哪些絕妙秘訣或心得？

創意實習班

你做得到！寫出精彩的故事

作　　者：喬安妮・歐文 (Joanne Owen)
繪　　圖：基亞・馬里・洪特 (Kia Marie Hunt)
翻　　譯：何思維
責任編輯：趙慧雅
美術設計：鄭雅玲
出　　版：新雅文化事業有限公司
香港英皇道499號北角工業大廈18樓
電話：（852）2138 7998
傳真：（852）2597 4003
網址：http://www.sunya.com.hk
電郵：marketing@sunya.com.hk
發　　行：香港聯合書刊物流有限公司
香港荃灣德士古道220-248號荃灣工業中心16樓
電話：（852）2150 2100
傳真：（852）2407 3062
電郵：info@suplogistics.com.hk
印　　刷：中華商務彩色印刷有限公司
香港新界大埔汀麗路36號
版　　次：二〇二一年一月初版

ISBN : 978-962-08-7636-3
Original Title: YOU CAN write awesome stories

18/F, North Point Industrial Building, 499 King's Road, Hong Kong
Published in Hong Kong
Printed in China